Practicar

Eureka Math®
1.er grado
Módulos 4–6

Publicado por Great Minds®.

Copyright © 2019 Great Minds®.

Impreso en los EE. UU.
Este libro puede comprarse en la editorial en eureka-math.org.
10 9 8 7 6 5 4 3 2 1
v1.0 PAH
ISBN 978-1-64054-873-2

G1-SPA-M4-M6-P-05.2019

Aprender • Practicar • Triunfar

Los materiales del estudiante de *Eureka Math®* para *Una historia de unidades*™ (K–5) están disponibles en la trilogía *Aprender, Practicar, Triunfar*. Esta serie apoya la diferenciación y la recuperación y, al mismo tiempo, permite la accesibilidad y la organización de los materiales del estudiante. Los educadores descubrirán que la trilogía *Aprender, Practicar y Triunfar* también ofrece recursos consistentes con la Respuesta a la intervención (RTI, por sus siglas en inglés), las prácticas complementarias y el aprendizaje durante el verano que, por ende, son de mayor efectividad.

Aprender

Aprender de *Eureka Math* constituye un material complementario en clase para el estudiante, a través del cual pueden mostrar su razonamiento, compartir lo que saben y observar cómo adquieren conocimientos día a día. *Aprender* reúne el trabajo en clase—la Puesta en práctica, los Boletos de salida, los Grupos de problemas, las plantillas—en un volumen de fácil consulta y al alcance del usuario.

Practicar

Cada lección de *Eureka Math* comienza con una serie de actividades de fluidez que promueven la energía y el entusiasmo, incluyendo aquellas que se encuentran en *Practicar* de *Eureka Math*. Los estudiantes con fluidez en las operaciones matemáticas pueden dominar más material, con mayor profundidad. En *Practicar*, los estudiantes adquieren competencia en las nuevas capacidades adquiridas y refuerzan el conocimiento previo a modo de preparación para la próxima lección.

En conjunto, *Aprender* y *Practicar* ofrecen todo el material impreso que los estudiantes utilizarán para su formación básica en matemáticas.

Triunfar

Triunfar de *Eureka Math* permite a los estudiantes trabajar individualmente para adquirir el dominio. Estos grupos de problemas complementarios están alineados con la enseñanza en clase, lección por lección, lo que hace que sean una herramienta ideal como tarea o práctica suplementaria. Con cada grupo de problemas se ofrece una Ayuda para la tarea, que consiste en un conjunto de problemas resueltos que muestran, a modo de ejemplo, cómo resolver problemas similares.

Los maestros y los tutores pueden recurrir a los libros de *Triunfar* de grados anteriores como instrumentos acordes con el currículo para solventar las deficiencias en el conocimiento básico. Los estudiantes avanzarán y progresarán con mayor rapidez gracias a la conexión que permiten hacer los modelos ya conocidos con el contenido del grado escolar actual del estudiante.

Estudiantes, familias y educadores:

Gracias por formar parte de la comunidad de *Eureka Math*®, donde celebramos la dicha, el asombro y la emoción que producen las matemáticas. Una de las formas más evidentes de demostrar nuestro entusiasmo son las actividades de fluidez que ofrece Practicar de *Eureka Math*.

¿En qué consiste la fluidez en matemáticas?

Es natural asociar *fluidez* con la disciplina de lengua y literatura, donde se refiere a hablar y escribir con facilidad. Desde prekínder hasta 5.° grado, el currículo de *Eureka Math* ofrece diversas oportunidades, día a día, de consolidar la fluidez *en matemáticas*. Cada una de ellas está diseñada con el mismo concepto—aumentar la habilidad de todos los estudiantes de usar las matemáticas *con facilidad*—. El ritmo de las actividades de fluidez suele ser rápido y energético, celebrando el avance y concentrándose en el reconocimiento de patrones y asociaciones en el material. Estas actividades no tienen como objetivo dar calificaciones.

Las actividades de fluidez de *Eureka Math* brindan una práctica diferenciada a través de diversos formatos—algunas se realizan en forma oral, otras emplean materiales didácticos, otras utilizan una pizarra personal y otras incluso usan una guía de estudio y el formato de papel y lápiz—. *Practicar* de *Eureka Math* brinda a cada estudiante ejercicios de fluidez impresos correspondientes a su grado.

¿Qué es un Sprint?

Muchas de las actividades de fluidez impresas utilizan el formato denominado Sprint. Estos ejercicios desarrollan la velocidad y la exactitud en las destrezas que ya se han adquirido. Los Sprints, que se utilizan cuando los estudiantes ya están alcanzando un nivel de dominio óptimo, aprovechan el ritmo para provocar una pequeña descarga de adrenalina que aumenta la memoria y la retención. El diseño deliberado de los Sprints los hace diferenciados por naturaleza; los problemas van de sencillos a complejos, donde el primer cuadrante de los problemas es el más sencillo y la complejidad aumenta en los cuadrantes subsiguientes. Además, los patrones intencionales en la secuencia de los problemas obligan a los estudiantes a aplicar un razonamiento de nivel superior.

El formato sugerido para trabajar con un Sprint requiere que el estudiante realice dos Sprints consecutivos (identificados como A y B) para la misma destreza, en el lapso cronometrado de un minuto cada uno. Los estudiantes hacen una pausa entre los Sprints para expresar los patrones que identificaron al trabajar en el primer Sprint. El reconocimiento de patrones suele mejorar naturalmente el rendimiento en el segundo Sprint.

También es posible llevar a cabo los Sprint sin cronometrar el tiempo. Se recomienda especialmente no utilizar el cronometraje cuando los estudiantes aún están adquiriendo confianza en el nivel de complejidad del primer cuadrante de los problemas. Una vez que todos los estudiantes se encuentran preparados para llevar a cabo los Sprint con éxito, suele resultar estimulante y positivo comenzar a trabajar para mejorar la velocidad y la exactitud, aprovechando la energía que produce el uso del cronómetro.

¿Dónde puedo encontrar otras actividades de fluidez?

La *Edición del maestro* de *Eureka Math* guía a los educadores en el uso de las actividades de fluidez de cada lección, incluso aquellas que no requieren material impreso. Además, a través de *Eureka Digital Suite* se puede acceder a las actividades de fluidez de todos los grados, y es posible hacer una búsqueda por estándar o lección.

¡Les deseo un año colmado de momentos "¡ajá!"!

Jill Diniz

Jill Diniz
Jill Diniz Directora de matemáticas
Great Minds

Contenido

Módulo 6

1.ᵉʳ grado

Módulo 4

separar números

Nombre _____   Fecha _____

Repaso de fluidez en la suma

1. $2 + 0 = $ _____

2. $2 + 1 = $ _____

3. $2 + 2 = $ _____

4. $4 + 0 = $ _____

5. $0 + 4 = $ _____

6. $0 + 3 = $ _____

7. $0 + 0 = $ _____

8. $3 + 1 = $ _____

9. $1 + 3 = $ _____

10. $1 + 4 = $ _____

11. $1 + 5 = $ _____

12. $5 + 1 = $ _____

13. $1 + 7 = $ _____

14. $7 + 1 = $ _____

15. $1 + 8 = $ _____

16. $1 + 6 = $ _____

17. $6 + 1 = $ _____

18. $6 + 2 = $ _____

19. $5 + 2 = $ _____

20. $4 + 3 = $ _____

21. $2 + 3 = $ _____

22. $2 + 4 = $ _____

23. $4 + 2 = $ _____

24. $3 + 2 = $ _____

25. $9 + 1 = $ _____

26. $8 + 2 = $ _____

27. $7 + 2 = $ _____

28. $7 + 3 = $ _____

29. $6 + 3 = $ _____

30. $6 + 4 = $ _____

31. $5 + 3 = $ _____

32. $3 + 5 = $ _____

33. $3 + 4 = $ _____

34. $3 + 3 = $ _____

35. $4 + 4 = $ _____

36. $5 + 4 = $ _____

37. $4 + 6 = $ _____

38. $2 + 7 = $ _____

39. $2 + 8 = $ _____

40. $2 + 5 = $ _____

41. $5 + 5 = $ _____

42. $4 + 5 = $ _____

43. $2 + 6 = $ _____

44. $3 + 6 = $ _____

45. $3 + 7 = $ _____

A

Nombre _____

Fecha _____

*Escribe el número faltante.

1.	10 + 3 = ☐		16.	10 + ☐ = 11	
2.	10 + 2 = ☐		17.	10 + ☐ = 12	
3.	10 + 1 = ☐		18.	5 + ☐ = 15	
4.	1 + 10 = ☐		19.	4 + ☐ = 14	
5.	4 + 10 = ☐		20.	☐ + 10 = 17	
6.	6 + 10 = ☐		21.	17 − ☐ = 7	
7.	10 + 7 = ☐		22.	16 − ☐ = 6	
8.	8 + 10 = ☐		23.	18 − ☐ = 8	
9.	12 − 10 = ☐		24.	☐ − 10 = 8	
10.	11 − 10 = ☐		25.	☐ − 10 = 9	
11.	10 − 10 = ☐		26.	1 + 1 + 10 = ☐	
12.	13 − 10 = ☐		27.	2 + 2 + 10 = ☐	
13.	14 − 10 = ☐		28.	2 + 3 + 10 = ☐	
14.	15 − 10 = ☐		29.	4 + ☐ + 3 = 17	
15.	18 − 10 = ☐		30.	☐ + 5 + 10 = 18	

B

Nombre _____

Respuestas correctas:

Fecha _____

*Escribe el número faltante.

1.	$10 + 1 = \square$		16.	$10 + \square = 10$	
2.	$10 + 2 = \square$		17.	$10 + \square = 11$	
3.	$10 + 3 = \square$		18.	$2 + \square = 12$	
4.	$4 + 10 = \square$		19.	$3 + \square = 13$	
5.	$5 + 10 = \square$		20.	$\square + 10 = 13$	
6.	$6 + 10 = \square$		21.	$13 - \square = 3$	
7.	$10 + 8 = \square$		22.	$14 - \square = 4$	
8.	$8 + 10 = \square$		23.	$16 - \square = 6$	
9.	$10 - 10 = \square$		24.	$\square - 10 = 6$	
10.	$11 - 10 = \square$		25.	$\square - 10 = 8$	
11.	$12 - 10 = \square$		26.	$2 + 1 + 10 = \square$	
12.	$13 - 10 = \square$		27.	$3 + 2 + 10 = \square$	
13.	$15 - 10 = \square$		28.	$2 + 3 + 10 = \square$	
14.	$17 - 10 = \square$		29.	$4 + \square + 4 = 18$	
15.	$19 - 10 = \square$		30.	$\square + 6 + 10 = 19$	

Lección 5:   Identificar 10 más, 10 menos, 1 más y 1 menos que un número de dos dígitos.

A

Nombre _____   Fecha _____

*Escribe el número faltante. Presta atención al signo de suma o resta.

1	$5 + 1 = \square$		16	$29 + 10 = \square$	
2	$15 + 1 = \square$		17	$9 + 1 = \square$	
3	$25 + 1 = \square$		18	$19 + 1 = \square$	
4	$5 + 10 = \square$		19	$29 + 1 = \square$	
5	$15 + 10 = \square$		20	$39 + 1 = \square$	
6	$25 + 10 = \square$		21	$40 - 1 = \square$	
7	$8 - 1 = \square$		22	$30 - 1 = \square$	
8	$18 - 1 = \square$		23	$20 - 1 = \square$	
9	$28 - 1 = \square$		24	$20 + \square = 21$	
10	$38 - 1 = \square$		25	$20 + \square = 30$	
11	$38 - 10 = \square$		26	$27 + \square = 37$	
12	$28 - 10 = \square$		27	$27 + \square = 28$	
13	$18 - 10 = \square$		28	$\square + 10 = 34$	
14	$9 + 10 = \square$		29	$\square - 10 = 14$	
15	$19 + 10 = \square$		30	$\square - 10 = 24$	

EUREKA MATH®

Lección 7:   Comparar dos cantidades e identificar el mayor o el menor de dos números determinados.

© 2019 Great Minds®. eureka-math.org

11

B

Nombre _____

Respuestas correctas: ⬡

Fecha _____

*Escribe el número faltante. Presta atención al signo de suma o resta.

1	$4 + 1 = \square$		16	$28 + 10 = \square$	
2	$14 + 1 = \square$		17	$9 + 1 = \square$	
3	$24 + 1 = \square$		18	$19 + 1 = \square$	
4	$6 + 10 = \square$		19	$29 + 1 = \square$	
5	$16 + 10 = \square$		20	$39 + 1 = \square$	
6	$26 + 10 = \square$		21	$40 - 1 = \square$	
7	$7 - 1 = \square$		22	$30 - 1 = \square$	
8	$17 - 1 = \square$		23	$20 - 1 = \square$	
9	$27 - 1 = \square$		24	$10 + \square = 11$	
10	$37 - 1 = \square$		25	$10 + \square = 20$	
11	$37 - 10 = \square$		26	$22 + \square = 32$	
12	$27 - 10 = \square$		27	$22 + \square = 23$	
13	$17 - 10 = \square$		28	$\square + 10 = 39$	
14	$8 + 10 = \square$		29	$\square - 10 = 19$	
15	$18 + 10 = \square$		30	$\square - 10 = 29$	

EUREKA MATH

Lección 7: Comparar dos cantidades e identificar el mayor o el menor de dos números determinados.

© 2019 Great Minds®. eureka-math.org

13

decenas	unidades

tabla de valor posicional grande

Lección 7:   Comparar dos cantidades e identificar el mayor o el menor de dos
números determinados.

© 2019 Great Minds®. eureka-math.org

15

Nombre _____   Fecha _____

Repaso de fluidez en la resta

1. $8 - 0 =$ ____
2. $8 - 1 =$ ____
3. $7 - 7 =$ ____
4. $3 - 3 =$ ____
5. $3 - 2 =$ ____
6. $4 - 2 =$ ____
7. $5 - 2 =$ ____
8. $5 - 3 =$ ____
9. $9 - 2 =$ ____
10. $8 - 2 =$ ____
11. $7 - 2 =$ ____
12. $4 - 4 =$ ____
13. $4 - 3 =$ ____
14. $5 - 4 =$ ____
15. $8 - 3 =$ ____

16. $9 - 3 =$ ____
17. $10 - 3 =$ ____
18. $10 - 4 =$ ____
19. $10 - 2 =$ ____
20. $10 - 8 =$ ____
21. $10 - 7 =$ ____
22. $10 - 6 =$ ____
23. $6 - 6 =$ ____
24. $7 - 7 =$ ____
25. $7 - 6 =$ ____
26. $8 - 8 =$ ____
27. $8 - 7 =$ ____
28. $9 - 9 =$ ____
29. $9 - 8 =$ ____
30. $10 - 9 =$ ____

31. $5 - 5 =$ ____
32. $6 - 5 =$ ____
33. $7 - 5 =$ ____
34. $8 - 5 =$ ____
35. $8 - 4 =$ ____
36. $10 - 5 =$ ____
37. $9 - 5 =$ ____
38. $9 - 4 =$ ____
39. $6 - 3 =$ ____
40. $6 - 4 =$ ____
41. $7 - 3 =$ ____
42. $7 - 4 =$ ____
43. $8 - 6 =$ ____
44. $9 - 6 =$ ____
45. $9 - 7 =$ ____

A

Respuestas correctas:

Nombre _____

Fecha _____

*Escribe el número faltante en la secuencia.

1.	0, 1, 2, ___		16.	15, ___, 13, 12	
2.	10, 11, 12, ___		17.	___, 24, 23, 22	
3.	20, 21, 22, ___		18.	6, 16, ___, 36	
4	10, 9, 8, ___		19.	7, ___, 27, 37	
5	20, 19, 18, ___		20.	___, 19, 29, 39	
6.	40, 39, 38, ___		21.	___, 26, 16, 6	
7.	0, 10, 20, ___		22.	34, ___, 14, 4	
8.	2, 12, 22, ___		23.	___, 20, 21, 22	
9.	5, 15, 25, ___		24.	29, ___, 31, 32	
10.	40, 30, 20, ___		25.	5, ___, 25, 35	
11.	39, 29, 19, ___		26.	___, 25, 15, 5	
12.	7, 8, 9, ___		27.	2, 4, ___, 8	
13.	7, 8, ___, 10		28.	___, 14, 16, 18	
14.	17, ___, 19, 20		29.	8, ___, 4, 2	
15.	15, 14, ___, 12		30.	___, 18, 16, 14	

EUREKA MATH

Lección 10:   Usar los símbolos >, = y < para comparar cantidades y números.

19

B

Nombre _____

Fecha _____

*Escribe el número faltante en la secuencia.

1.	1, 2, 3, ___		16.	13, ___, 11, 10	
2.	11, 12, 13, ___		17.	___, 22, 21, 20	
3.	21, 22, 23, ___		18.	5, 15, ___, 35	
4.	10, 9, 8, ___		19.	4, ___, 24, 34	
5.	20, 19, 18, ___		20.	___, 17, 27, 37	
6.	30, 29, 28, ___		21.	___, 29, 19, 9	
7.	0, 10, 20, ___		22.	31, ___, 11, 1	
8.	3, 13, 23, ___		23.	___, 30, 31, 32	
9.	6, 16, 26, ___		24.	19, ___, 21, 22	
10.	40, 30, 20, ___		25.	5, ___, 25, 35	
11.	38, 28, 18, ___		26.	___, 25, 15, 5	
12.	6, 7, 8, ___		27.	2, 4, ___, 8	
13.	6, 7, ___, 9		28.	___, 12, 14, 16	
14.	16, ___, 18, 19		29.	12, ___, 8, 6	
15.	16, ___, 14, 13		30.	___, 20, 18, 16	

EUREKA MATH®

Lección 10: Usar los símbolos >, = y < para comparar cantidades y números.

21

© 2019 Great Minds®. eureka-math.org

A

Nombre _____   Fecha _____

Respuestas correctas:

*Escribe el número faltante. Presta atención a los signos de + y –.

1.	$3 + \square = 4$		16.	$3 + \square = 7$	
2.	$1 + \square = 4$		17.	$7 = 4 + \square$	
3.	$4 - 1 = \square$		18.	$7 - 4 = \square$	
4.	$4 - 3 = \square$		19.	$7 - 3 = \square$	
5.	$3 + \square = 5$		20.	$3 + \square = 8$	
6.	$2 + \square = 5$		21.	$8 = 5 + \square$	
7.	$5 - 2 = \square$		22.	$\square = 8 - 5$	
8.	$5 - 3 = \square$		23.	$\square = 8 - 3$	
9.	$4 + \square = 6$		24.	$3 + \square = 9$	
10.	$2 + \square = 6$		25.	$9 = 6 + \square$	
11.	$6 - 2 = \square$		26.	$\square = 9 - 6$	
12.	$6 - 4 = \square$		27.	$\square = 9 - 3$	
13.	$6 - 3 = \square$		28.	$9 - 4 = \square + 2$	
14.	$3 + \square = 6$		29.	$\square + 3 = 9 - 3$	
15.	$6 - \square = 3$		30.	$\square - 7 = 8 - 6$	

B

Respuestas correctas:

Nombre _____ Fecha _____

*Escribe el número faltante. Presta atención a los signos de + y –.

1.	$4 + \square = 4$		16.	$2 + \square = 7$	
2.	$0 + \square = 4$		17.	$7 = 5 + \square$	
3.	$4 - 0 = \square$		18.	$7 - 5 = \square$	
4.	$4 - 4 = \square$		19.	$7 - 2 = \square$	
5.	$4 + \square = 5$		20.	$2 + \square = 8$	
6.	$1 + \square = 5$		21.	$8 = 6 + \square$	
7.	$5 - 1 = \square$		22.	$\square = 8 - 6$	
8.	$5 - 4 = \square$		23.	$\square = 8 - 2$	
9.	$5 + \square = 6$		24.	$2 + \square = 9$	
10.	$1 + \square = 6$		25.	$9 = 7 + \square$	
11.	$6 - 1 = \square$		26.	$\square = 9 - 7$	
12.	$6 - 5 = \square$		27.	$\square = 9 - 2$	
13.	$2 + \square = 6$		28.	$9 - 3 = \square + 3$	
14.	$4 + \square = 6$		29.	$\square + 2 = 9 - 4$	
15.	$6 - 4 = \square$		30.	$\square - 6 = 8 - 3$	

Nombre _____   Fecha _____

Repaso de fluidez en la suma: sumandos que faltan

1. $5 + \underline{\quad} = 5$

2. $4 + \underline{\quad} = 5$

3. $2 + \underline{\quad} = 5$

4. $3 + \underline{\quad} = 5$

5. $0 + \underline{\quad} = 5$

6. $1 + \underline{\quad} = 5$

7. $1 + \underline{\quad} = 6$

8. $0 + \underline{\quad} = 6$

9. $6 + \underline{\quad} = 6$

10. $5 + \underline{\quad} = 6$

11. $3 + \underline{\quad} = 6$

12. $4 + \underline{\quad} = 6$

13. $2 + \underline{\quad} = 6$

14. $2 + \underline{\quad} = 7$

15. $5 + \underline{\quad} = 7$

16. $6 + \underline{\quad} = 7$

17. $1 + \underline{\quad} = 7$

18. $0 + \underline{\quad} = 7$

19. $7 + \underline{\quad} = 7$

20. $3 + \underline{\quad} = 7$

21. $4 + \underline{\quad} = 7$

22. $4 + \underline{\quad} = 8$

23. $5 + \underline{\quad} = 8$

24. $6 + \underline{\quad} = 8$

25. $2 + \underline{\quad} = 8$

26. $3 + \underline{\quad} = 8$

27. $0 + \underline{\quad} = 8$

28. $8 + \underline{\quad} = 8$

29. $7 + \underline{\quad} = 8$

30. $1 + \underline{\quad} = 8$

31. $9 + \underline{\quad} = 9$

32. $0 + \underline{\quad} = 9$

33. $1 + \underline{\quad} = 9$

34. $2 + \underline{\quad} = 9$

35. $7 + \underline{\quad} = 9$

36. $6 + \underline{\quad} = 9$

37. $5 + \underline{\quad} = 9$

38. $3 + \underline{\quad} = 9$

39. $4 + \underline{\quad} = 9$

40. $4 + \underline{\quad} = 10$

41. $5 + \underline{\quad} = 10$

42. $6 + \underline{\quad} = 10$

43. $3 + \underline{\quad} = 10$

44. $1 + \underline{\quad} = 10$

45. $2 + \underline{\quad} = 10$

A

Respuestas correctas:

Nombre _____   Fecha _____

*Escribe el número faltante.

1	$6 + 1 = \square$		16	$6 + 3 = \square$	
2	$16 + 1 = \square$		17	$16 + 3 = \square$	
3	$26 + 1 = \square$		18	$26 + 3 = \square$	
4	$5 + 2 = \square$		19	$4 + 5 = \square$	
5	$15 + 2 = \square$		20	$15 + 4 = \square$	
6	$25 + 2 = \square$		21	$8 + 2 = \square$	
7	$5 + 3 = \square$		22	$18 + 2 = \square$	
8	$15 + 3 = \square$		23	$28 + 2 = \square$	
9	$25 + 3 = \square$		24	$8 + 3 = \square$	
10	$4 + 4 = \square$		25	$8 + 13 = \square$	
11	$14 + 4 = \square$		26	$8 + 23 = \square$	
12	$24 + 4 = \square$		27	$8 + 5 = \square$	
13	$5 + 4 = \square$		28	$8 + 15 = \square$	
14	$15 + 4 = \square$		29	$28 + \square = 33$	
15	$25 + 4 = \square$		30	$25 + \square = 33$	

EUREKA MATH®

Lección 19:   Usar diagramas de cinta como representaciones para resolver problemas escritos de *juntar/separar con total desconocido* y *sumar con resultado desconocido*.

© 2019 Great Minds®. eureka-math.org

29

B

Respuestas correctas: ⬡

Nombre _____   Fecha _____

*Escribe el número faltante.

1	5 + 1 = ☐		16	6 + 3 = ☐	
2	15 + 1 = ☐		17	16 + 3 = ☐	
3	25 + 1 = ☐		18	26 + 3 = ☐	
4	4 + 2 = ☐		19	3 + 5 = ☐	
5	14 + 2 = ☐		20	15 + 3 = ☐	
6	24 + 2 = ☐		21	9 + 1 = ☐	
7	5 + 3 = ☐		22	19 + 1 = ☐	
8	15 + 3 = ☐		23	29 + 1 = ☐	
9	25 + 3 = ☐		24	9 + 2 = ☐	
10	6 + 2 = ☐		25	9 + 12 = ☐	
11	16 + 2 = ☐		26	9 + 22 = ☐	
12	26 + 2 = ☐		27	9 + 5 = ☐	
13	4 + 3 = ☐		28	9 + 15 = ☐	
14	14 + 3 = ☐		29	29 + ☐ = 34	
15	24 + 3 = ☐		30	25 + ☐ = 34	

A

Nombre _____   Fecha _____

*Escribe el número faltante. Presta atención a los signos de + y –.

1	2 + 2 = ☐		16	2 + ☐ = 8	
2	2 + ☐ = 4		17	6 + ☐ = 8	
3	4 – 2 = ☐		18	8 – 6 = ☐	
4	3 + 3 = ☐		19	8 – 2 = ☐	
5	3 + ☐ = 6		20	9 + 2 = ☐	
6	6 – 3 = ☐		21	9 + ☐ = 11	
7	4 + ☐ = 7		22	11 – 9 = ☐	
8	3 + ☐ = 7		23	9 + ☐ = 15	
9	7 – 3 = ☐		24	15 – 9 = ☐	
10	7 – 4 = ☐		25	8 + ☐ = 15	
11	5 + 4 = ☐		26	15 – ☐ = 8	
12	4 + ☐ = 9		27	8 + ☐ = 17	
13	9 – 4 = ☐		28	17 – ☐ = 8	
14	9 – 5 = ☐		29	27 – ☐ = 8	
15	9 – ☐ = 4		30	37 – ☐ = 8	

B

Respuestas correctas:

Nombre _____   Fecha _____

*Escribe el número faltante. Presta atención a los signos de + y –.

1	$3 + 3 = \square$		16	$2 + \square = 9$	
2	$3 + \square = 6$		17	$7 + \square = 9$	
3	$6 - 3 = \square$		18	$9 - 7 = \square$	
4	$4 + 4 = \square$		19	$9 - 2 = \square$	
5	$4 + \square = 8$		20	$9 + 5 = \square$	
6	$8 - 4 = \square$		21	$9 + \square = 14$	
7	$4 + \square = 9$		22	$14 - 9 = \square$	
8	$5 + \square = 9$		23	$9 + \square = 16$	
9	$9 - 5 = \square$		24	$16 - 9 = \square$	
10	$9 - 4 = \square$		25	$8 + \square = 16$	
11	$3 + 4 = \square$		26	$16 - \square = 8$	
12	$4 + \square = 7$		27	$8 + \square = 16$	
13	$7 - 4 = \square$		28	$16 - \square = 8$	
14	$7 - 3 = \square$		29	$26 - \square = 8$	
15	$7 - \square = 3$		30	$36 - \square = 8$	

Nombre _____ Fecha _____

Mi práctica de suma

1. $6 + 0 =$ ___
2. $0 + 6 =$ ___
3. $5 + 1 =$ ___
4. $1 + 5 =$ ___
5. $6 + 1 =$ ___
6. $1 + 6 =$ ___
7. $6 + 2 =$ ___
8. $5 + 2 =$ ___
9. $2 + 5 =$ ___
10. $2 + 4 =$ ___

11. $7 + 1 =$ ___
12. ___ $= 1 + 7$
13. $3 + 3 =$ ___
14. $3 + 4 =$ ___
15. ___ $= 3 + 5$
16. $6 + 3 =$ ___
17. $7 + 3 =$ ___
18. ___ $= 7 + 2$
19. $2 + 7 =$ ___
20. $2 + 8 =$ ___

21. $5 + 3 =$ ___
22. ___ $= 5 + 4$
23. $6 + 4 =$ ___
24. $4 + 6 =$ ___
25. ___ $= 4 + 4$
26. $3 + 4 =$ ___
27. $5 + 5 =$ ___
28. ___ $= 4 + 5$
29. $3 + 7 =$ ___
30. ___ $= 3 + 6$

Hoy, finalicé _____ problemas.

Resolví _____ problemas.

Nombre _____   Fecha _____

Mi práctica de sumandos que faltan

1. $6 + \underline{\quad} = 6$	11. $3 + \underline{\quad} = 6$	21. $4 + \underline{\quad} = 7$
2. $0 + \underline{\quad} = 6$	12. $4 + \underline{\quad} = 8$	22. $7 = 3 + \underline{\quad}$
3. $5 + \underline{\quad} = 6$	13. $10 = 5 + \underline{\quad}$	23. $2 + \underline{\quad} = 7$
4. $4 + \underline{\quad} = 6$	14. $5 + \underline{\quad} = 9$	24. $2 + \underline{\quad} = 8$
5. $0 + \underline{\quad} = 7$	15. $5 + \underline{\quad} = 7$	25. $9 = 2 + \underline{\quad}$
6. $6 + \underline{\quad} = 7$	16. $8 = 5 + \underline{\quad}$	26. $2 + \underline{\quad} = 10$
7. $1 + \underline{\quad} = 7$	17. $5 + \underline{\quad} = 9$	27. $10 = 3 + \underline{\quad}$
8. $7 + \underline{\quad} = 8$	18. $8 + \underline{\quad} = 10$	28. $3 + \underline{\quad} = 9$
9. $1 + \underline{\quad} = 8$	19. $7 + \underline{\quad} = 10$	29. $4 + \underline{\quad} = 9$
10. $6 + \underline{\quad} = 8$	20. $10 = 6 + \underline{\quad}$	30. $10 = 4 + \underline{\quad}$

Hoy, finalicé _____ problemas.

Resolví _____ problemas.

Nombre _____   Fecha _____

Mi práctica relacionada de suma y resta

1. $5 + \underline{\hspace{1cm}} = 6$	11. $7 + \underline{\hspace{1cm}} = 10$	21. $4 + \underline{\hspace{1cm}} = 8$
2. $1 + \underline{\hspace{1cm}} = 6$	12. $10 - 7 = \underline{\hspace{1cm}}$	22. $8 - 4 = \underline{\hspace{1cm}}$
3. $6 - 1 = \underline{\hspace{1cm}}$	13. $5 + \underline{\hspace{1cm}} = 7$	23. $4 + \underline{\hspace{1cm}} = 7$
4. $9 + \underline{\hspace{1cm}} = 10$	14. $7 - 5 = \underline{\hspace{1cm}}$	24. $7 - 4 = \underline{\hspace{1cm}}$
5. $1 + \underline{\hspace{1cm}} = 10$	15. $5 + \underline{\hspace{1cm}} = 8$	25. $5 + \underline{\hspace{1cm}} = 9$
6. $10 - 9 = \underline{\hspace{1cm}}$	16. $8 - 5 = \underline{\hspace{1cm}}$	26. $9 - 5 = \underline{\hspace{1cm}}$
7. $5 + \underline{\hspace{1cm}} = 10$	17. $4 + \underline{\hspace{1cm}} = 6$	27. $6 + \underline{\hspace{1cm}} = 9$
8. $10 - 5 = \underline{\hspace{1cm}}$	18. $6 - 4 = \underline{\hspace{1cm}}$	28. $9 - 6 = \underline{\hspace{1cm}}$
9. $8 + \underline{\hspace{1cm}} = 10$	19. $3 + \underline{\hspace{1cm}} = 6$	29. $4 + \underline{\hspace{1cm}} = 7$
10. $10 - 8 = \underline{\hspace{1cm}}$	20. $6 - 3 = \underline{\hspace{1cm}}$	30. $7 - 4 = \underline{\hspace{1cm}}$

Hoy, finalicé _____ problemas.

Resolví _____ problemas.

Nombre _____   Fecha _____

Mi práctica de resta

1. $6 - 0 =$ ___	11. $6 - 3 =$ ___	21. $8 - 4 =$ ___
2. $6 - 1 =$ ___	12. $7 - 3 =$ ___	22. $8 - 3 =$ ___
3. $7 - 1 =$ ___	13. $9 - 3 =$ ___	23. $8 - 5 =$ ___
4. $8 - 1 =$ ___	14. $10 - 8 =$ ___	24. $9 - 5 =$ ___
5. $6 - 2 =$ ___	15. $10 - 6 =$ ___	25. $9 - 4 =$ ___
6. $7 - 2 =$ ___	16. $10 - 4 =$ ___	26. $7 - 3 =$ ___
7. $9 - 2 =$ ___	17. $10 - 5 =$ ___	27. $10 - 7 =$ ___
8. $10 - 10 =$ ___	18. $7 - 6 =$ ___	28. $9 - 7 =$ ___
9. $10 - 9 =$ ___	19. $7 - 5 =$ ___	29. $9 - 6 =$ ___
10. $10 - 7 =$ ___	20. $6 - 4 =$ ___	30. $8 - 6 =$ ___

Hoy, finalicé _____ problemas.

Resolví _____ problemas.

Nombre _____   Fecha _____

Mi práctica mixta

1. $4 + 2 =$ ____	11. $2 +$ ____ $= 6$	21. $8 - 5 =$ ____
2. $2 +$ ____ $= 6$	12. $6 - 2 =$ ____	22. $3 +$ ____ $= 8$
3. $6 = 3 +$ ____	13. $6 - 4 =$ ____	23. $8 =$ ____ $+ 5$
4. $2 + 5 =$ ____	14. $5 +$ ____ $= 7$	24. ____ $+ 2 = 9$
5. $7 = 5 +$ ____	15. $7 - 5 =$ ____	25. $9 =$ ____ $+ 7$
6. $4 + 3 =$ ____	16. $7 - 4 =$ ____	26. $9 - 2 =$ ____
7. $7 =$ ____ $+ 4$	17. $7 - 3 =$ ____	27. $9 - 7 =$ ____
8. $8 =$ ____ $+ 4$	18. $8 = 6 +$ ____	28. $9 - 6 =$ ____
9. $4 + 5 =$ ____	19. $8 - 2 =$ ____	29. $9 =$ ____ $+ 4$
10. $9 =$ ____ $+ 4$	20. $8 - 6 =$ ____	30. $9 - 6 =$ ____

Hoy finalicé _____ problemas.

Resolví _____ problemas

EUREKA MATH®

A

Nombre _____

Fecha _____

*Escribe el número faltante.

1.	$5 + \square = 10$		16.	$9 + \square = 10$	
2.	$9 + \square = 10$		17.	$19 + \square = 20$	
3.	$10 + \square = 10$		18.	$5 + \square = 10$	
4.	$0 + \square = 10$		19.	$15 + \square = 20$	
5.	$8 + \square = 10$		20.	$1 + \square = 10$	
6.	$7 + \square = 10$		21.	$11 + \square = 20$	
7.	$6 + \square = 10$		22.	$3 + \square = 10$	
8.	$4 + \square = 10$		23.	$13 + \square = 20$	
9.	$3 + \square = 10$		24.	$4 + \square = 10$	
10.	$\square + 7 = 10$		25.	$14 + \square = 20$	
11.	$2 + \square = 10$		26.	$16 + \square = 20$	
12.	$\square + 8 = 10$		27.	$2 + \square = 10$	
13.	$1 + \square = 10$		28.	$12 + \square = 20$	
14.	$\square + 2 = 10$		29.	$18 + \square = 20$	
15.	$\square + 3 = 10$		30.	$11 + \square = 20$	

Lección 25:   Sumar un par de números de dos dígitos cuando los dígitos de
unidades tengan una suma menor que o igual a 10.

B

Respuestas correctas:

Nombre _____

Fecha _____

*Escribe el número faltante.

1.	$10 + \square = 10$		16.	$5 + \square = 10$	
2.	$0 + \square = 10$		17.	$15 + \square = 20$	
3.	$9 + \square = 10$		18.	$9 + \square = 10$	
4.	$5 + \square = 10$		19.	$19 + \square = 20$	
5.	$6 + \square = 10$		20.	$8 + \square = 10$	
6.	$7 + \square = 10$		21.	$18 + \square = 20$	
7.	$8 + \square = 10$		22.	$2 + \square = 10$	
8.	$2 + \square = 10$		23.	$12 + \square = 20$	
9.	$3 + \square = 10$		24.	$3 + \square = 10$	
10.	$\square + 7 = 10$		25.	$13 + \square = 20$	
11.	$2 + \square = 10$		26.	$17 + \square = 20$	
12.	$\square + 8 = 10$		27.	$4 + \square = 10$	
13.	$1 + \square = 10$		28.	$16 + \square = 20$	
14.	$\square + 9 = 10$		29.	$18 + \square = 20$	
15.	$\square + 2 = 10$		30.	$12 + \square = 40$	

Lección 25: Sumar un par de números de dos dígitos cuando los dígitos de unidades tengan una suma menor que o igual a 10.

Nombres _____   Fecha _____

 ¡Carrera a la cima!

2	3	4	5	6	7	8	9	10	11	12

_____

carrera a la cima

Nombres _____   Fecha _____

¡Carrera a la cima!

2	**3**	**4**	**5**	**6**	**7**	**8**	**9**	**10**	**11**	**12**

_____

carrera a la cima

Lección 29: Sumar un par de números de dos dígitos con diversas sumas en las unidades.

© 2019 Great Minds®. eureka-math.org

53

1.er grado
Módulo 5

1.ᵉʳ grado
Módulo 5

A

Nombre _____

Respuestas correctas: ⭐

Fecha _____

*Escribe la incógnita. Presta atención a los símbolos.

1.	$4 + 1 =$ ____	16.	$4 + 3 =$ ____
2.	$4 + 2 =$ ____	17.	____ $+ 4 = 7$
3.	$4 + 3 =$ ____	18.	$7 =$ ____ $+ 4$
4.	$6 + 1 =$ ____	19.	$5 + 4 =$ ____
5.	$6 + 2 =$ ____	20.	____ $+ 5 = 9$
6.	$6 + 3 =$ ____	21.	$9 =$ ____ $+ 4$
7.	$1 + 5 =$ ____	22.	$2 + 7 =$ ____
8.	$2 + 5 =$ ____	23.	____ $+ 2 = 9$
9.	$3 + 5 =$ ____	24.	$9 =$ ____ $+ 7$
10.	$5 +$ ____ $= 8$	25.	$3 + 6 =$ ____
11.	$8 = 3 +$ ____	26.	____ $+ 3 = 9$
12.	$7 + 2 =$ ____	27.	$9 =$ ____ $+ 6$
13.	$7 + 3 =$ ____	28.	$4 + 4 =$ ____ $+ 2$
14.	$7 +$ ____ $= 10$	29.	$5 + 4 =$ ____ $+ 3$
15.	____ $+ 7 = 10$	30.	____ $+ 7 = 3 + 6$

Lección 1:   Classifcar figures geométricas en base a los atributos que las definen, usando ejemplos, variantes y no ejemplos.

B

Nombre _____

Respuestas correctas:

Fecha _____

*Escribe la incógnita. Presta atención a los símbolos.

1.	5 + 1 = ____	16.	2 + 4 = ____
2.	5 + 2 = ____	17.	____ + 4 = 6
3.	5 + 3 = ____	18.	6 = ____ + 4
4.	4 + 1 = ____	19.	3 + 4 = ____
5.	4 + 2 = ____	20.	____ + 3 = 7
6.	4 + 3 = ____	21.	7 = ____ + 4
7.	1 + 3 = ____	22.	4 + 5 = ____
8.	2 + 3 = ____	23.	____ + 4 = 9
9.	3 + 3 = ____	24.	9 = ____ + 5
10.	3 + ____ = 6	25.	2 + 6 = ____
11.	____ + 3 = 6	26.	____ + 6 = 9
12.	5 + 2 = ____	27.	9 = ____ + 2
13.	5 + 3 = ____	28.	3 + 3 = ____ + 4
14.	5 + ____ = 8	29.	3 + 4 = ____ + 5
15.	____ + 3 = 8	30.	____ + 6 = 2 + 7

EUREKA MATH

Lección 1:   Classifcar figures geométricas en base a los atributos que las definen,
usando ejemplos, variantes y no ejemplos.

© 2019 Great Minds®. eureka-math.org

59

A

Nombre _____

Respuestas correctas:

Fecha _____

*Escribe la incógnita. Presta atención al signo de igual.

1.	5 + 2 = ____	16.	____ = 5 + 4
2.	6 + 2 = ____	17.	____ = 4 + 5
3.	7 + 2 = ____	18.	6 + 3 = ____
4.	4 + 3 = ____	19.	3 + 6 = ____
5.	5 + 3 = ____	20.	____ = 2 + 6
6.	6 + 3 = ____	21.	2 + 7 = ____
7.	____ = 6 + 2	22.	____ = 3 + 4
8.	____ = 2 + 6	23.	3 + 6 = ____
9.	____ = 7 + 2	24.	____ = 4 + 5
10.	____ = 2 + 7	25.	3 + 4 = ____
11.	____ = 4 + 3	26.	13 + 4 = ____
12.	____ = 3 + 4	27.	3 + 14 = ____
13.	____ = 5 + 3	28.	3 + 6 = ____
14.	____ = 3 + 5	29.	13 + ____ = 19
15.	____ = 3 + 4	30.	19 = ____ + 16

EUREKA MATH®

Lección 1: Classifcar figures geométricas en base a los atributos que las definen, usando ejemplos, variantes y no ejemplos.

© 2019 Great Minds®. eureka-math.org

61

B

Nombre _____

Respuestas correctas:

Fecha _____

*Escribe la incógnita. Presta atención al signo de igual.

1.	$4 + 3 = $ _____	16.	_____ $= 6 + 3$
2.	$5 + 3 = $ _____	17.	_____ $= 3 + 6$
3.	$6 + 3 = $ _____	18.	$5 + 4 = $ _____
4.	$6 + 2 = $ _____	19.	$4 + 5 = $ _____
5.	$7 + 2 = $ _____	20.	_____ $= 2 + 7$
6.	$5 + 4 = $ _____	21.	$2 + 6 = $ _____
7.	_____ $= 4 + 3$	22.	_____ $= 3 + 4$
8.	_____ $= 3 + 4$	23.	$4 + 5 = $ _____
9.	_____ $= 5 + 3$	24.	_____ $= 3 + 6$
10.	_____ $= 3 + 5$	25.	$2 + 7 = $ _____
11.	_____ $= 6 + 2$	26.	$12 + 7 = $ _____
12.	_____ $= 2 + 6$	27.	$2 + 17 = $ _____
13.	_____ $= 7 + 2$	28.	$4 + 5 = $ _____
14.	_____ $= 2 + 7$	29.	$14 + $ _____ $= 19$
15.	_____ $= 7 + 2$	30.	$19 = $ _____ $+ 15$

EUREKA MATH®

Lección 1:   Classifcar figures geométricas en base a los atributos que las definen, usando ejemplos, variantes y no ejemplos.   **63**

© 2019 Great Minds®. eureka-math.org

A

Nombre _____

Respuestas correctas: _____

Fecha _____

*Escribe la incógnita. Presta atención a los símbolos.

1.	6 – 1 = ____	16.	8 – 2 = ____
2.	6 – 2 = ____	17.	8 – 6 = ____
3.	6 – 3 = ____	18.	7 – 3 = ____
4.	10 – 1 = ____	19.	7 – 4 = ____
5.	10 – 2 = ____	20.	8 – 4 = ____
6.	10 – 3 = ____	21.	9 – 4 = ____
7.	7 – 2 = ____	22.	9 – 5 = ____
8.	8 – 2 = ____	23.	9 – 6 = ____
9.	9 – 2 = ____	24.	9 – ____ = 6
10.	7 – 3 = ____	25.	9 – ____ = 2
11.	8 – 3 = ____	26.	2 = 8 – ____
12.	10 – 3 = ____	27.	2 = 9 – ____
13.	10 – 4 = ____	28.	10 – 7 = 9 – ____
14.	9 – 4 = ____	29.	9 – 5 = ____ – 3
15.	8 – 4 = ____	30.	____ – 6 = 9 – 7

Lección 1: Classifcar figures geométricas en base a los atributos que las definen, usando ejemplos, variantes y no ejemplos.

© 2019 Great Minds®. eureka-math.org

65

B

Nombre _____

Respuestas correctas: ⬡

Fecha _____

*Escribe la incógnita. Presta atención a los símbolos.

1.	$5 - 1 =$ ____	16.	$6 - 2 =$ ____
2.	$5 - 2 =$ ____	17.	$6 - 4 =$ ____
3.	$5 - 3 =$ ____	18.	$8 - 3 =$ ____
4.	$10 - 1 =$ ____	19.	$8 - 5 =$ ____
5.	$10 - 2 =$ ____	20.	$8 - 6 =$ ____
6.	$10 - 3 =$ ____	21.	$9 - 3 =$ ____
7.	$6 - 2 =$ ____	22.	$9 - 6 =$ ____
8.	$7 - 2 =$ ____	23.	$9 - 7 =$ ____
9.	$8 - 2 =$ ____	24.	$9 -$ ____ $= 5$
10.	$6 - 3 =$ ____	25.	$9 -$ ____ $= 4$
11.	$7 - 3 =$ ____	26.	$4 = 8 -$ ____
12.	$8 - 3 =$ ____	27.	$4 = 9 -$ ____
13.	$5 - 4 =$ ____	28.	$10 - 8 = 9 -$ ____
14.	$6 - 4 =$ ____	29.	$8 - 6 =$ ____ $- 7$
15.	$7 - 4 =$ ____	30.	____ $- 4 = 9 - 6$

EUREKA MATH®

Lección 1:   Classifcar figures geométricas en base a los atributos que las definen, usando ejemplos, variantes y no ejemplos.

67

© 2019 Great Minds®. eureka-math.org

A

Respuestas correctas:

Nombre _____

Fecha _____

*Escribe la incógnita. Presta atención a los símbolos.

1.	2 + 3 =	16.	3 + 3 =
2.	3 + ____ = 5	17.	6 – 3 =
3.	5 – 3 =	18.	6 = ____ + 3
4.	5 – 2 =	19.	2 + 5 =
5.	____ + 2 = 5	20.	5 + ____ = 7
6.	1 + 5 =	21.	7 – 2 =
7.	1 + ____ = 6	22.	7 – 5 =
8.	6 – 1 =	23.	7 = ____ + 5
9.	6 – 5 =	24.	3 + 4 =
10.	____ + 5 = 6	25.	4 + ____ = 7
11.	4 + 2 =	26.	7 – 4 =
12.	2 + ____ = 6	27.	7 = ____ + 3
13.	6 – 2 =	28.	3 = 7 –
14.	6 – 4 =	29.	7 – 5 = ____ – 4
15.	____ + 4 = 6	30.	____ – 3 = 7 – 4

Lección 1:   Classifcar figures geométricas en base a los atributos que las definen, usando ejemplos, variantes y no ejemplos.

© 2019 Great Minds®. eureka-math.org

69

B

Nombre _____

Respuestas correctas: ⟨⟨⟨⟩⟩⟩

Fecha _____

*Escribe la incógnita. Presta atención a los símbolos.

1.	$1 + 4 =$	16.	$3 + 3 =$
2.	$4 + \underline{\quad} = 5$	17.	$6 - 3 =$
3.	$5 - 4 =$	18.	$6 = \underline{\quad} + 3$
4.	$5 - 1 =$	19.	$2 + 4 =$
5.	$\underline{\quad} + 1 = 5$	20.	$4 + \underline{\quad} = 6$
6.	$5 + 2 =$	21.	$6 - 2 =$
7.	$5 + \underline{\quad} = 7$	22.	$6 - 4 =$
8.	$7 - 2 =$	23.	$6 = \underline{\quad} + 4$
9.	$7 - 5 = \underline{\quad}$	24.	$3 + 4 =$
10.	$\underline{\quad} + 2 = 7$	25.	$4 + \underline{\quad} = 7$
11.	$1 + 5 =$	26.	$7 - 4 =$
12.	$1 + \underline{\quad} = 6$	27.	$7 = \underline{\quad} + 4$
13.	$6 - 1 =$	28.	$4 = 7 -$
14.	$6 - 5 =$	29.	$6 - 4 = \underline{\quad} - 5$
15.	$\underline{\quad} + 5 = 6$	30.	$\underline{\quad} - 2 = 7 - 3$

EUREKA MATH   **Lección 1:**   Classifcar figures geométricas en base a los atributos que las definen, usando ejemplos, variantes y no ejemplos.   71

© 2019 Great Minds®. eureka-math.org

A

Nombre _____

Fecha _____

*Escribe la incógnita. Presta atención a los símbolos.

1.	$5 + 5 =$	16.	$2 + 6 =$
2.	$5 + \underline{\quad} = 10$	17.	$8 = 6 +$
3.	$10 - 5 =$	18.	$8 - 2 =$
4.	$9 + 1 =$	19.	$2 + 7 =$
5.	$1 + \underline{\quad} = 10$	20.	$9 = 7 +$
6.	$10 - 1 =$	21.	$9 - 7 =$
7.	$10 - 9 =$	22.	$8 = \underline{\quad} + 2$
8.	$+ 9 = 10$	23.	$8 - 6 =$
9.	$1 + 8 =$	24.	$3 + 6 =$
10.	$8 + \underline{\quad} = 9$	25.	$9 = 6 +$
11.	$9 - 1 =$	26.	$9 - 6 =$
12.	$9 - 8 =$	27.	$9 = \underline{\quad} + 3$
13.	$+ 1 = 9$	28.	$3 = 9 -$
14.	$4 + 4 =$	29.	$9 - 5 = \underline{\quad} - 6$
15.	$8 - 4 =$	30.	$- 7 = 8 - 6$

B

Nombre _____

Respuestas correctas: _____

Fecha _____

*Escribe la incógnita. Presta atención a los símbolos.

1.	9 + 1 =	16.	3 + 5 =
2.	1 + _____ = 10	17.	8 = 5 +
3.	10 – 1 =	18.	8 – 3 =
4.	10 – 9 =	19.	2 + 6 =
5.	+ 9 = 10	20.	8 = 6 +
6.	1 + 7 =	21.	8 – 6 =
7.	7 + _____ = 8	22.	2 + 7 =
8.	8 – 1 =	23.	9 = _____ + 2
9.	8 – 7 =	24.	9 – 7 =
10.	+ 1 = 8	25.	4 + 5 =
11.	2 + 8 =	26.	9 = 5 +
12.	2 + _____ = 10	27.	9 – 5 =
13.	10 – 2 =	28.	5 = 9 –
14.	10 – 8 =	29.	9 – 6 = _____ – 5
15.	+ 8 = 10	30.	– 6 = 9 – 7

EUREKA MATH

Lección 1:   Classifcar figures geométricas en base a los atributos que las definen, usando ejemplos, variantes y no ejemplos.

© 2019 Great Minds®. eureka-math.org

75

Nombre _____   Fecha _____

Mi práctica de suma

1. 6 + 0 = ___   11. 7 + 1 = ___   21. 5 + 3 = ___

2. 0 + 6 = ___   12. ___ = 1 + 7   22. ___ = 5 + 4

3. 5 + 1 = ___   13. 3 + 3 = ___   23. 6 + 4 = ___

4. 1 + 5 = ___   14. 3 + 4 = ___   24. 4 + 6 = ___

5. 6 + 1 = ___   15. ___ = 3 + 5   25. ___ = 4 + 4

6. 1 + 6 = ___   16. 6 + 3 = ___   26. 3 + 4 = ___

7. 6 + 2 = ___   17. 7 + 3 = ___   27. 5 + 5 = ___

8. 5 + 2 = ___   18. ___ = 7 + 2   28. ___ = 4 + 5

9. 2 + 5 = ___   19. 2 + 7 = ___   29. 3 + 7 = ___

10. 2 + 4 = ___   20. 2 + 8 = ___   30. ___ = 3 + 6

Hoy, terminé _____ problemas.

EUREKA MATH®   Lección 3:   Encontrar y nombrar figuras geométricas tridimensionales incluyendo cono y prisma rectangular, en base a los atributos de caras y puntas que las definen.   77

© 2019 Great Minds®. eureka-math.org

Nombre _____   Fecha _____

Mi práctica de sumandos que faltan

1. $6 + \underline{\hspace{1cm}} = 6$

2. $0 + \underline{\hspace{1cm}} = 6$

3. $5 + \underline{\hspace{1cm}} = 6$

4. $4 + \underline{\hspace{1cm}} = 6$

5. $0 + \underline{\hspace{1cm}} = 7$

6. $6 + \underline{\hspace{1cm}} = 7$

7. $1 + \underline{\hspace{1cm}} = 7$

8. $7 + \underline{\hspace{1cm}} = 8$

9. $1 + \underline{\hspace{1cm}} = 8$

10. $6 + \underline{\hspace{1cm}} = 8$

11. $3 + \underline{\hspace{1cm}} = 6$

12. $4 + \underline{\hspace{1cm}} = 8$

13. $10 = 5 + \underline{\hspace{1cm}}$

14. $5 + \underline{\hspace{1cm}} = 9$

15. $5 + \underline{\hspace{1cm}} = 7$

16. $8 = 5 + \underline{\hspace{1cm}}$

17. $5 + \underline{\hspace{1cm}} = 9$

18. $8 + \underline{\hspace{1cm}} = 10$

19. $7 + \underline{\hspace{1cm}} = 10$

20. $10 = 6 + \underline{\hspace{1cm}}$

21. $4 + \underline{\hspace{1cm}} = 7$

22. $7 = 3 + \underline{\hspace{1cm}}$

23. $2 + \underline{\hspace{1cm}} = 7$

24. $2 + \underline{\hspace{1cm}} = 8$

25. $9 = 2 + \underline{\hspace{1cm}}$

26. $2 + \underline{\hspace{1cm}} = 10$

27. $10 = 3 + \underline{\hspace{1cm}}$

28. $3 + \underline{\hspace{1cm}} = 9$

29. $4 + \underline{\hspace{1cm}} = 9$

30. $10 = 4 + \underline{\hspace{1cm}}$

Hoy, terminé _____ problemas.

Resolví _____ problemas correctamente.

© 2019 Great Minds®. eureka-math.org

Nombre _____   Fecha _____

Mi práctica de suma y resta relacionadas

1. 5 + ___ = 6

2. 1 + ___ = 6

3. 6 – 1 = ___

4. 9 + ___ = 10

5. 1 + ___ = 10

6. 10 – 9 = ___

7. 5 + ___ = 10

8. 10 – 5 = ___

9. 8 + ___ = 10

10. 10 – 8 = __

11. 7 + ___ = 10

12. 10 – 7 = ___

13. 5 + ___ = 7

14. 7 – 5 = ___

15. 5 + ___ = 8

16. 8 – 5 = ___

17. 4 + ___ = 6

18. 6 – 4 = ___

19. 3 + ___ = 6

20. 6 – 3 = ___

21. 4 + ___ = 8

22. 8 – 4 = ___

23. 4 + ___ = 7

24. 7 – 4 = ___

25. 5 + ___ = 9

26. 9 – 5 = ___

27. 6 + ___ = 9

28. 9 – 6 = ___

29. 4 + ___ = 7

30. 7 – 4 = ___

Hoy, terminé _____ problemas.

Resolví _____ problemas correctamente.

EUREKA MATH®

Lección 3:   Encontrar y nombrar figuras geométricas tridimensionales incluyendo cono y prisma rectangular, en base a los atributos de caras y puntas que las definen.

© 2019 Great Minds®. eureka-math.org

81

Nombre _____   Fecha _____

Mi práctica de resta

1. 6 – 0 = ___

2. 6 – 1 = ___

3. 7 – 1 = ___

4. 8 – 1 = ___

5. 6 – 2 = ___

6. 7 – 2 = ___

7. 9 – 2 = ___

8. 10 – 10 = ___

9. 10 – 9 = ___

10. 10 – 7 = ___

11. 6 – 3 = ___

12. 7 – 3 = ___

13. 9 – 3 = ___

14. 10 – 8 = ___

15. 10 – 6 = ___

16. 10 – 4 = ___

17. 10 – 5 = ___

18. 7 – 6 = ___

19. 7 – 5 = ___

20. 6 – 4 = ___

21. 8 – 4 = ___

22. 8 – 3 = ___

23. 8 – 5 = ___

24. 9 – 5 = ___

25. 9 – 4 = ___

26. 7 – 3 = ___

27. 10 – 7 = ___

28. 9 – 7 = ___

29. 9 – 6 = ___

30. 8 – 6 = ___

Hoy, terminé _____ problemas.

Resolví _____ problemas correctamente.

Lección 3:   Encontrar y nombrar figuras geométricas tridimensionales incluyendo cono y prisma rectangular, en base a los atributos de caras y puntas que las definen.

Nombre _____   Fecha _____

Mi práctica mixta

1. $4 + 2 =$ ___

2. $2 +$ ___ $= 6$

3. $6 = 3 +$ ___

4. $2 + 5 =$ ___

5. $7 = 5 +$ ___

6. $4 + 3 =$ ___

7. $7 =$ ___ $+ 4$

8. $8 =$ ___ $+ 4$

9. $4 + 5 =$ ___

10. $9 =$ ___ $+ 4$

11. $2 +$ ___ $= 6$

12. $6 - 2 =$ ___

13. $6 - 4 =$ ___

14. $5 +$ ___ $= 7$

15. $7 - 5 =$ ___

16. $7 - 4 =$ ___

17. $7 - 3 =$ ___

18. $8 = 6 +$ ___

19. $8 - 2 =$ ___

20. $8 - 6 =$ ___

21. $8 - 5 =$ ___

22. $3 +$ ___ $= 8$

23. $8 =$ ___ $+ 5$

24. ___ $+ 2 = 9$

25. $9 =$ ___ $+ 7$

26. $9 - 2 =$ ___

27. $9 - 7 =$ ___

28. $9 - 6 =$ ___

29. $9 =$ ___ $+ 4$

30. $9 - 6 =$ ___

Hoy, terminé _____ problemas.

Resolví _____ problemas correctamente.

EUREKA MATH®

Lección 3:   Encontrar y nombrar figuras geométricas tridimensionales incluyendo cono y prisma rectangular, en base a los atributos de caras y puntas que las definen.

© 2019 Great Minds®. eureka-math.org

85

1.er grado

Módulo 6

Nombre _____   Fecha _____

Mi práctica de suma

1. $6 + 0 =$ ___	11. $7 + 1 =$ ___	21. $5 + 3 =$ ___
2. $0 + 6 =$ ___	12. ___ $= 1 + 7$	22. ___ $= 5 + 4$
3. $5 + 1 =$ ___	13. $3 + 3 =$ ___	23. $6 + 4 =$ ___
4. $1 + 5 =$ ___	14. $3 + 4 =$ ___	24. $4 + 6 =$ ___
5. $6 + 1 =$ ___	15. ___ $= 3 + 5$	25. ___ $= 4 + 4$
6. $1 + 6 =$ ___	16. $6 + 3 =$ ___	26. $3 + 4 =$ ___
7. $6 + 2 =$ ___	17. $7 + 3 =$ ___	27. $5 + 5 =$ ___
8. $5 + 2 =$ ___	18. ___ $= 7 + 2$	28. ___ $= 4 + 5$
9. $2 + 5 =$ ___	19. $2 + 7 =$ ___	29. $3 + 7 =$ ___
10. $2 + 4 =$ ___	20. $2 + 8 =$ ___	30. ___ $= 3 + 6$

Hoy, finalicé _____ problemas.

Resolví _____ problemas correctamente.

Nombre _____ Fecha _____

Mi práctica de sumandos que faltan

1. $6 + \underline{} = 6$	11. $3 + \underline{} = 6$	21. $4 + \underline{} = 7$
2. $0 + \underline{} = 6$	12. $4 + \underline{} = 8$	22. $7 = 3 + \underline{}$
3. $5 + \underline{} = 6$	13. $10 = 5 + \underline{}$	23. $2 + \underline{} = 7$
4. $4 + \underline{} = 6$	14. $5 + \underline{} = 9$	24. $2 + \underline{} = 8$
5. $0 + \underline{} = 7$	15. $5 + \underline{} = 7$	25. $9 = 2 + \underline{}$
6. $6 + \underline{} = 7$	16. $8 = 5 + \underline{}$	26. $2 + \underline{} = 10$
7. $1 + \underline{} = 7$	17. $5 + \underline{} = 9$	27. $10 = 3 + \underline{}$
8. $7 + \underline{} = 8$	18. $8 + \underline{} = 10$	28. $3 + \underline{} = 9$
9. $1 + \underline{} = 8$	19. $7 + \underline{} = 10$	29. $4 + \underline{} = 9$
10. $6 + \underline{} = 8$	20. $10 = 6 + \underline{}$	30. $10 = 4 + \underline{}$

Hoy, finalicé _____ problemas.

Resolví _____ problemas correctamente.

Nombre _____ Fecha _____

Mi práctica de suma y resta relacionadas

1. 5 + ___ = 6	11. 7 + ___ = 10	21. 4 + ___ = 8
2. 1 + ___ = 6	12. 10 – 7 = ___	22. 8 – 4 = ___
3. 6 – 1 = ___	13. 5 + ___ = 7	23. 4 + ___ = 7
4. 9 + ___ = 10	14. 7 – 5 = ___	24. 7 – 4 = ___
5. 1 + ___ = 10	15. 5 + ___ = 8	25. 5 + ___ = 9
6. 10 – 9 = ___	16. 8 – 5 = ___	26. 9 – 5 = ___
7. 5 + ___ = 10	17. 4 + ___ = 6	27. 6 + ___ = 9
8. 10 – 5 = ___	18. 6 – 4 = ___	28. 9 – 6 = ___
9. 8 + ___ = 10	19. 3 + ___ = 6	29. 4 + ___ = 7
10. 10 – 8 = ___	20. 6 – 3 = ___	30. 7 – 4 = ___

Hoy, finalicé _____ problemas.

Resolví _____ problemas correctamente.

Nombre _____   Fecha _____

Mi práctica de resta

1. 6 – 0 = ___	11. 6 – 3 = ___	21. 8 – 4 = ___
2. 6 – 1 = ___	12. 7 – 3 = ___	22. 8 – 3 = ___
3. 7 – 1 = ___	13. 9 – 3 = ___	23. 8 – 5 = ___
4. 8 – 1 = ___	14. 10 – 8 = ___	24. 9 – 5 = ___
5. 6 – 2 = ___	15. 10 – 6 = ___	25. 9 – 4 = ___
6. 7 – 2 = ___	16. 10 – 4 = ___	26. 7 – 3 = ___
7. 9 – 2 = ___	17. 10 – 5 = ___	27. 10 – 7 = ___
8. 10 – 10 = ___	18. 7 – 6 = ___	28. 9 – 7 = ___
9. 10 – 9 = ___	19. 7 – 5 = ___	29. 9 – 6 = ___
10. 10 – 7 = ___	20. 6 – 4 = ___	30. 8 – 6 = ___

Hoy, finalicé _____ problemas.

Resolví _____ problemas correctamente.

Nombre _____   Fecha _____

Mi práctica mixta

1. 4 + 2 = ___	11. 2 + ___ = 6	21. 8 – 5 = ___
2. 2 + ___ = 6	12. 6 – 2 = ___	22. 3 + ___ = 8
3. 6 = 3 + ___	13. 6 – 4 = ___	23. 8 = ___ + 5
4. 2 + 5 = ___	14. 5 + ___ = 7	24. ___ + 2 = 9
5. 7 = 5 + ___	15. 7 – 5 = ___	25. 9 = ___ + 7
6. 4 + 3 = ___	16. 7 – 4 = ___	26. 9 – 2 = ___
7. 7 = ___ + 4	17. 7 – 3 = ___	27. 9 – 7 = ___
8. 8 = ___ + 4	18. 8 = 6 + ___	28. 9 – 6 = ___
9. 4 + 5 = ___	19. 8 – 2 = ___	29. 9 = ___ + 4
10. 9 = ___ + 4	20. 8 – 6 = ___	30. 9 – 6 = ___

Hoy, finalicé _____ problemas.

Resolví _____ problemas correctamente.

A

Respuestas correctas:

Nombre _____

Fecha _____

*Escribe la incógnita. Presta atención a los símbolos.

1.	4 + 1 = _____	16.	4 + 3 = _____
2.	4 + 2 = _____	17.	_____ + 4 = 7
3.	4 + 3 = _____	18.	7 = _____ + 4
4.	6 + 1 = _____	19.	5 + 4 = _____
5.	6 + 2 = _____	20.	_____ + 5 = 9
6.	6 + 3 = _____	21.	9 = _____ + 4
7.	1 + 5 = _____	22.	2 + 7 = _____
8.	2 + 5 = _____	23.	_____ + 2 = 9
9.	3 + 5 = _____	24.	9 = _____ + 7
10.	5 + _____ = 8	25.	3 + 6 = _____
11.	8 = 3 + _____	26.	_____ + 3 = 9
12.	7 + 2 = _____	27.	9 = _____ + 6
13.	7 + 3 = _____	28.	4 + 4 = _____ + 2
14.	7 + _____ = 10	29.	5 + 4 = _____ + 3
15.	_____ + 7 = 10	30.	_____ + 7 = 3 + 6

EUREKA MATH

Lección 3:   Usar la tabla de valor posicional para registrar y nombrar decenas y unidades dentro de un número de dos dígitos hasta 100.

© 2019 Great Minds®. eureka-math.org

99

B

Nombre _____   Fecha _____

Respuestas correctas:

*Escribe la incógnita. Presta atención a los símbolos.

1.	5 + 1 = ____	16.	2 + 4 = ____
2.	5 + 2 = ____	17.	____ + 4 = 6
3.	5 + 3 = ____	18.	6 = ____ + 4
4.	4 + 1 = ____	19.	3 + 4 = ____
5.	4 + 2 = ____	20.	____ + 3 = 7
6.	4 + 3 = ____	21.	7 = ____ + 4
7.	1 + 3 = ____	22.	4 + 5 = ____
8.	2 + 3 = ____	23.	____ + 4 = 9
9.	3 + 3 = ____	24.	9 = ____ + 5
10.	3 + ____ = 6	25.	2 + 6 = ____
11.	____ + 3 = 6	26.	____ + 6 = 9
12.	5 + 2 = ____	27.	9 = ____ + 2
13.	5 + 3 = ____	28.	3 + 3 = ____ + 4
14.	5 + ____ = 8	29.	3 + 4 = ____ + 5
15.	____ + 3 = 8	30.	____ + 6 = 2 + 7

Lección 3: Usar la tabla de valor posicional para registrar y nombrar decenas y unidades dentro de un número de dos dígitos hasta 100.   101

© 2019 Great Minds®. eureka-math.org

A

Respuestas correctas: ⬡

Nombre _____ Fecha _____

*Escribe la incógnita. Presta atención al signo de igual.

1.	$5 + 2 = $ _____	16.	_____ $= 5 + 4$
2.	$6 + 2 = $ _____	17.	_____ $= 4 + 5$
3.	$7 + 2 = $ _____	18.	$6 + 3 = $ _____
4.	$4 + 3 = $ _____	19.	$3 + 6 = $ _____
5.	$5 + 3 = $ _____	20.	_____ $= 2 + 6$
6.	$6 + 3 = $ _____	21.	$2 + 7 = $ _____
7.	_____ $= 6 + 2$	22.	_____ $= 3 + 4$
8.	_____ $= 2 + 6$	23.	$3 + 6 = $ _____
9.	_____ $= 7 + 2$	24.	_____ $= 4 + 5$
10.	_____ $= 2 + 7$	25.	$3 + 4 = $ _____
11.	_____ $= 4 + 3$	26.	$13 + 4 = $ _____
12.	_____ $= 3 + 4$	27.	$3 + 14 = $ _____
13.	_____ $= 5 + 3$	28.	$3 + 6 = $ _____
14.	_____ $= 3 + 5$	29.	$13 + $ _____ $= 19$
15.	_____ $= 3 + 4$	30.	$19 = $ _____ $+ 16$

B

Respuestas correctas:

Nombre _____

Fecha _____

*Escribe la incógnita. Presta atención al signo de igual.

1.	4 + 3 = _____	16.	_____ = 6 + 3
2.	5 + 3 = _____	17.	_____ = 3 + 6
3.	6 + 3 = _____	18.	5 + 4 = _____
4.	6 + 2 = _____	19.	4 + 5 = _____
5.	7 + 2 = _____	20.	_____ = 2 + 7
6.	5 + 4 = _____	21.	2 + 6 = _____
7.	_____ = 4 + 3	22.	_____ = 3 + 4
8.	_____ = 3 + 4	23.	4 + 5 = _____
9.	_____ = 5 + 3	24.	_____ = 3 + 6
10.	_____ = 3 + 5	25.	2 + 7 = _____
11.	_____ = 6 + 2	26.	12 + 7 = _____
12.	_____ = 2 + 6	27.	2 + 17 = _____
13.	_____ = 7 + 2	28.	4 + 5 = _____
14.	_____ = 2 + 7	29.	14 + _____ = 19
15.	_____ = 7 + 2	30.	19 = _____ + 15

EUREKA MATH

Lección 3:   Usar la tabla de valor posicional para registrar y nombrar decenas y unidades dentro de un número de dos dígitos hasta 100.

105

© 2019 Great Minds®. eureka-math.org

A

Nombre _____

Respuestas correctas:

Fecha _____

*Escribe la incógnita. Presta atención a los símbolos.

1.	6 – 1 = _____	16.	8 – 2 = _____
2.	6 – 2 = _____	17.	8 – 6 = _____
3.	6 – 3 = _____	18.	7 – 3 = _____
4.	10 – 1 = _____	19.	7 – 4 = _____
5.	10 – 2 = _____	20.	8 – 4 = _____
6.	10 – 3 = _____	21.	9 – 4 = _____
7.	7 – 2 = _____	22.	9 – 5 = _____
8.	8 – 2 = _____	23.	9 – 6 = _____
9.	9 – 2 = _____	24.	9 – _____ = 6
10.	7 – 3 = _____	25.	9 – _____ = 2
11.	8 – 3 = _____	26.	2 = 8 – _____
12.	10 – 3 = _____	27.	2 = 9 – _____
13.	10 – 4 = _____	28.	10 – 7 = 9 – _____
14.	9 – 4 = _____	29.	9 – 5 = _____ – 3
15.	8 – 4 = _____	30.	_____ – 6 = 9 – 7

EUREKA MATH

Lección 3: Usar la tabla de valor posicional para registrar y nombrar decenas y unidades dentro de un número de dos dígitos hasta 100.

© 2019 Great Minds®. eureka-math.org

107

B

Respuestas correctas: ⬙

Nombre _____   Fecha _____

*Escribe la incógnita. Presta atención a los símbolos.

1.	5 – 1 = ____	16.	6 – 2 = ____
2.	5 – 2 = ____	17.	6 – 4 = ____
3.	5 – 3 = ____	18.	8 – 3 = ____
4.	10 – 1 = ____	19.	8 – 5 = ____
5.	10 – 2 = ____	20.	8 – 6 = ____
6.	10 – 3 = ____	21.	9 – 3 = ____
7.	6 – 2 = ____	22.	9 – 6 = ____
8.	7 – 2 = ____	23.	9 – 7 = ____
9.	8 – 2 = ____	24.	9 – ____ = 5
10.	6 – 3 = ____	25.	9 – ____ = 4
11.	7 – 3 = ____	26.	4 = 8 – ____
12.	8 – 3 = ____	27.	4 = 9 – ____
13.	5 – 4 = ____	28.	10 – 8 = 9 – ____
14.	6 – 4 = ____	29.	8 – 6 = ____ – 7
15.	7 – 4 = ____	30.	____ – 4 = 9 – 6

Lección 3: Usar la tabla de valor posicional para registrar y nombrar decenas y unidades dentro de un número de dos dígitos hasta 100.

EUREKA MATH

© 2019 Great Minds®. eureka-math.org

109

A

Respuestas correctas:

Nombre _____   Fecha _____

*Escribe la incógnita. Presta atención a los símbolos.

1.	$2 + 3 = $ _____	16.	$3 + 3 = $ _____
2.	$3 + $ _____ $= 5$	17.	$6 - 3 = $ _____
3.	$5 - 3 = $ _____	18.	$6 = $ _____ $+ 3$
4.	$5 - 2 = $ _____	19.	$2 + 5 = $ _____
5.	_____ $+ 2 = 5$	20.	$5 + $ _____ $= 7$
6.	$1 + 5 = $ _____	21.	$7 - 2 = $ _____
7.	$1 + $ _____ $= 6$	22.	$7 - 5 = $ _____
8.	$6 - 1 = $ _____	23.	$7 = $ _____ $+ 5$
9.	$6 - 5 = $ _____	24.	$3 + 4 = $ _____
10.	_____ $+ 5 = 6$	25.	$4 + $ _____ $= 7$
11.	$4 + 2 = $ _____	26.	$7 - 4 = $ _____
12.	$2 + $ _____ $= 6$	27.	$7 = $ _____ $+ 3$
13.	$6 - 2 = $ _____	28.	$3 = 7 - $ _____
14.	$6 - 4 = $ _____	29.	$7 - 5 = $ _____ $- 4$
15.	_____ $+ 4 = 6$	30.	_____ $- 3 = 7 - 4$

EUREKA MATH

Lección 3:   Usar la tabla de valor posicional para registrar y nombrar decenas y unidades dentro de un número de dos dígitos hasta 100.

© 2019 Great Minds®. eureka-math.org

111

B

Respuestas correctas: _____

Nombre _____ Fecha _____

*Escribe la incógnita. Presta atención a los símbolos

1.	1 + 4 = ____	16.	3 + 3 = ____
2.	4 + ____ = 5	17.	6 – 3 = ____
3.	5 – 4 = ____	18.	6 = ____ + 3
4.	5 – 1 = ____	19.	2 + 4 = ____
5.	____ + 1 = 5	20.	4 + ____ = 6
6.	7 + 2 = ____	21.	6 – 2 = ____
7.	5 + ____ = 7	22.	6 – 4 = ____
8.	7 – 2 = ____	23.	6 = ____ + 4
9.	7 – 5 = ____	24.	3 + 4 = ____
10.	____ + 2 = 7	25.	4 + ____ = 7
11.	1 + 5 = ____	26.	7 – 4 = ____
12.	1 + ____ = 6	27.	7 = ____ + 4
13.	6 – 1 = ____	28.	4 = 7 – ____
14.	6 – 5 = ____	29.	6 – 4 = ____ – 5
15.	____ + 5 = 6	30.	____ – 4 = 7 – 3

Lección 3:   Usar la tabla de valor posicional para registrar y nombrar decenas y unidades
dentro de un número de dos dígitos hasta 100.

113

© 2019 Great Minds®. eureka-math.org

A

Nombre _____

Respuestas correctas:

Fecha _____

*Escribe la incógnita. Presta atención a los símbolos.

1.	5 + 5 = _____	16.	2 + 6 = _____
2.	5 + _____ = 10	17.	8 = 6 + _____
3.	10 – 5 = _____	18.	8 – 2 = _____
4.	9 + 1 = _____	19.	2 + 7 = _____
5.	1 + _____ = 10	20.	9 = 7 + _____
6.	10 – 1 = _____	21.	9 – 7 = _____
7.	10 – 9 = _____	22.	8 = _____ + 2
8.	_____ + 9 = 10	23.	8 – 6 = _____
9.	1 + 8 = _____	24.	3 + 6 = _____
10.	8 + _____ = 9	25.	9 = 6 + _____
11.	9 – 1 = _____	26.	9 – 6 = _____
12.	9 – 8 = _____	27.	9 = _____ + 3
13.	_____ + 1 = 9	28.	3 = 9 – _____
14.	4 + 4 = _____	29.	9 – 5 = _____ – 6
15.	8 – 4 = _____	30.	_____ – 7 = 8 – 6

B

Respuestas correctas:

Nombre _____

Fecha _____

*Escribe la incógnita. Presta atención a los símbolos.

1.	$9 + 1 = \underline{\quad}$	16.	$3 + 5 = \underline{\quad}$
2.	$1 + \underline{\quad} = 10$	17.	$8 = 5 + \underline{\quad}$
3.	$10 - 1 = \underline{\quad}$	18.	$8 - 3 = \underline{\quad}$
4.	$10 - 9 = \underline{\quad}$	19.	$2 + 6 = \underline{\quad}$
5.	$\underline{\quad} + 9 = 10$	20.	$8 = 6 + \underline{\quad}$
6.	$1 + 7 = \underline{\quad}$	21.	$8 - 6 = \underline{\quad}$
7.	$7 + \underline{\quad} = 8$	22.	$2 + 7 = \underline{\quad}$
8.	$8 - 1 = \underline{\quad}$	23.	$9 = \underline{\quad} + 2$
9.	$8 - 7 = \underline{\quad}$	24.	$9 - 7 = \underline{\quad}$
10.	$\underline{\quad} + 1 = 8$	25.	$4 + 5 = \underline{\quad}$
11.	$2 + 8 = \underline{\quad}$	26.	$9 = 5 + \underline{\quad}$
12.	$2 + \underline{\quad} = 10$	27.	$9 - 5 = \underline{\quad}$
13.	$10 - 2 = \underline{\quad}$	28.	$5 = 9 - \underline{\quad}$
14.	$10 - 8 = \underline{\quad}$	29.	$9 - 6 = \underline{\quad} - 5$
15.	$\underline{\quad} + 8 = 10$	30.	$\underline{\quad} - 6 = 9 - 7$

EUREKA MATH®

Lección 3:   Usar la tabla de valor posicional para registrar y nombrar decenas y unidades dentro de un número de dos dígitos hasta 100.

117

© 2019 Great Minds®. eureka-math.org

A

Respuestas correctas:

Nombre _____   Fecha _____

*Escribe el número faltante. Presta atención al signo de suma o resta.

1.	$5 + 1 = \square$		16.	$29 + 10 = \square$	
2.	$15 + 1 = \square$		17.	$9 + 1 = \square$	
3.	$25 + 1 = \square$		18.	$19 + 1 = \square$	
4.	$5 + 10 = \square$		19.	$29 + 1 = \square$	
5.	$15 + 10 = \square$		20.	$39 + 1 = \square$	
6.	$25 + 10 = \square$		21.	$40 - 1 = \square$	
7.	$8 - 1 = \square$		22.	$30 - 1 = \square$	
8.	$18 - 1 = \square$		23.	$20 - 1 = \square$	
9.	$28 - 1 = \square$		24.	$20 + \square = 21$	
10.	$38 - 1 = \square$		25.	$20 + \square = 30$	
11.	$38 - 10 = \square$		26.	$27 + \square = 37$	
12.	$28 - 10 = \square$		27.	$27 + \square = 28$	
13.	$18 - 10 = \square$		28.	$\square + 10 = 34$	
14.	$9 + 10 = \square$		29.	$\square - 10 = 14$	
15.	$19 + 10 = \square$		30.	$\square - 10 = 24$	

Lección 9: Representar hasta 120 objetos con un número escrito.

119

B

Respuestas correctas:

Nombre _____   Fecha _____

*Escribe el número faltante. Presta atención al signo de suma o resta.

1.	$4 + 1 = \square$		16.	$28 + 10 = \square$	
2.	$14 + 1 = \square$		17.	$9 + 1 = \square$	
3.	$24 + 1 = \square$		18.	$19 + 1 = \square$	
4.	$6 + 10 = \square$		19.	$29 + 1 = \square$	
5.	$16 + 10 = \square$		20.	$39 + 1 = \square$	
6.	$26 + 10 = \square$		21.	$40 - 1 = \square$	
7.	$7 - 1 = \square$		22.	$30 - 1 = \square$	
8.	$17 - 1 = \square$		23.	$20 - 1 = \square$	
9.	$27 - 1 = \square$		24.	$10 + \square = 11$	
10.	$37 - 1 = \square$		25.	$10 + \square = 20$	
11.	$37 - 10 = \square$		26.	$22 + \square = 32$	
12.	$27 - 10 = \square$		27.	$22 + \square = 23$	
13.	$17 - 10 = \square$		28.	$\square + 10 = 39$	
14.	$8 + 10 = \square$		29.	$\square - 10 = 19$	
15.	$18 + 10 = \square$		30.	$\square - 10 = 29$	

Nombre _____   Fecha _____

 ¡Carrera a la cima!

2	3	4	5	6	7	8	9	10	11	12

Carrera a la cima

EUREKA MATH   Lección 10: Sumar y restar múltiplos de 10 de múltiplos desde 10 hasta 100, incluyendo monedas de 10 centavos.   123

© 2019 Great Minds®. eureka-math.org

Nombre _____

Compañero _____

Ejemplo:

Paso 1: Reescribe 4 – 1 como 1 + ____ = 4.

Paso 2: Intercambia hojas y resuelve.

Lista A

1. 10 – 9 _____
2. 10 – 8 _____
3. 9 – 8 _____
4. 9 – 6 _____
5. 8 – 6 _____
6. 7 – 4 _____
7. 7 – 5 _____
8. 8 - 5 _____
9. 9 – 5 _____
10. 9 - 6 _____

Nombre _____

Compañero _____

Ejemplo:

Paso 1: Reescribe 4 – 1 como 1 + ____ = 4.

Paso 2: Intercambia hojas y resuelve.

Lista B

1. 10 - 8 _____
2. 10 – 7 _____
3. 8 – 7 _____
4. 8 – 6 _____
5. 9 – 6 _____
6. 7 – 6 _____
7. 7 – 5 _____
8. 7 - 4 _____
9. 8 – 5 _____
10. 6 - 4 _____

_____

Lista de hoja de patrones A o B

Lección 18:   Sumar un par de números de dos dígitos con diversas sumas en las unidades
y comparar los resultados de métodos de registro diferentes.

125

© 2019 Great Minds®. eureka-math.org

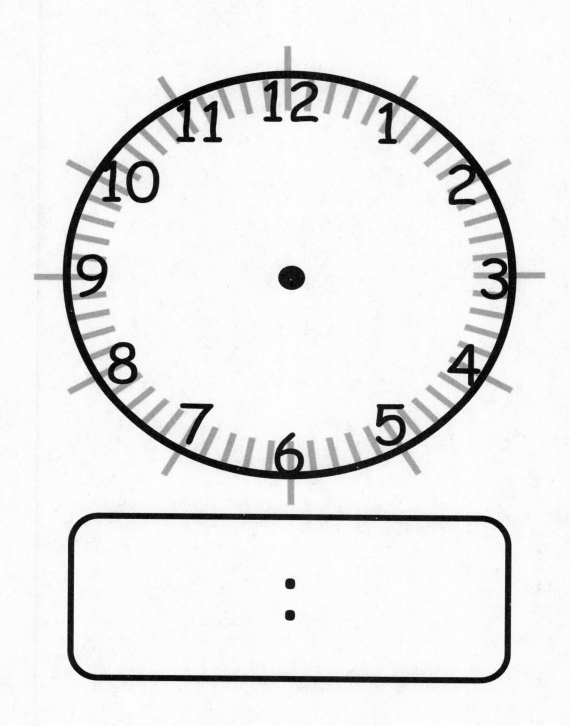

Son las _____ en punto.   Son las _____ y media.
_____
Hoja de registro de la hora

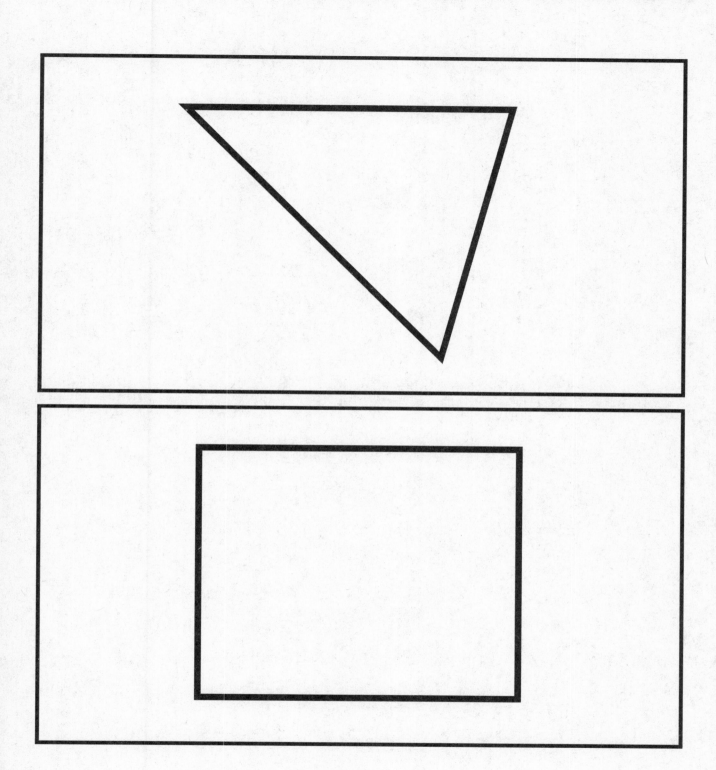

Tarjetas de figura bidimensional

Lección 27:   Compartir y criticar las estrategias de los compañeros para resolver
problemas de diversos tipos.

© 2019 Great Minds®. eureka-math.org

129

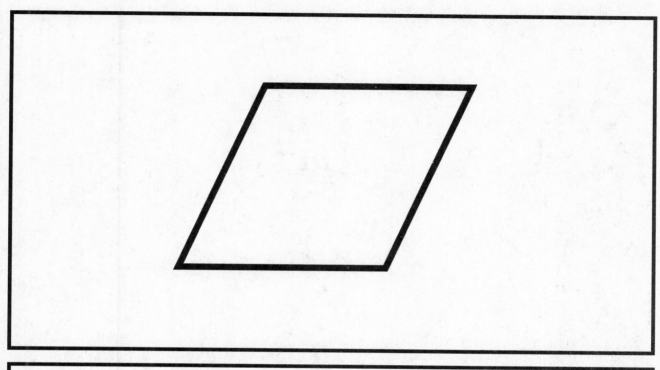

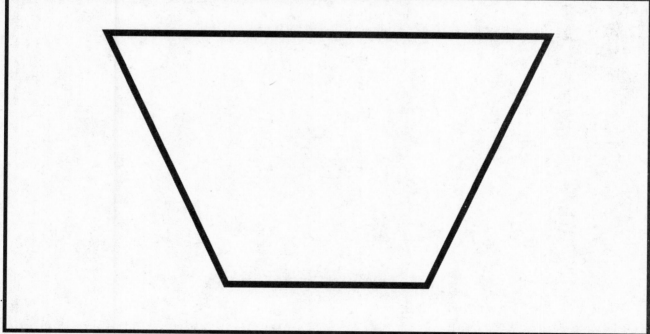

Tarjetas de figura bidimensional

Lección 27:   Compartir y criticar las estrategias de los compañeros para resolver
               problemas de diversos tipos.

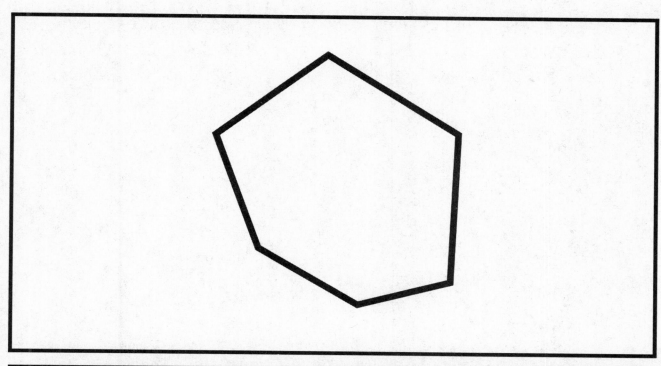

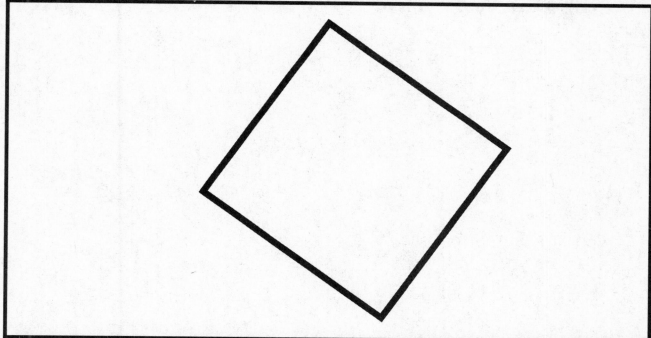

Tarjetas de figura bidimensional

EUREKA MATH®

Lección 27:   Compartir y criticar las estrategias de los compañeros para resolver problemas de diversos tipos.

133

© 2019 Great Minds®. eureka-math.org

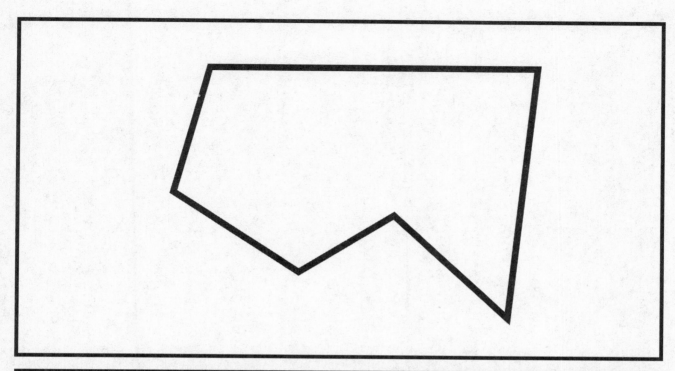

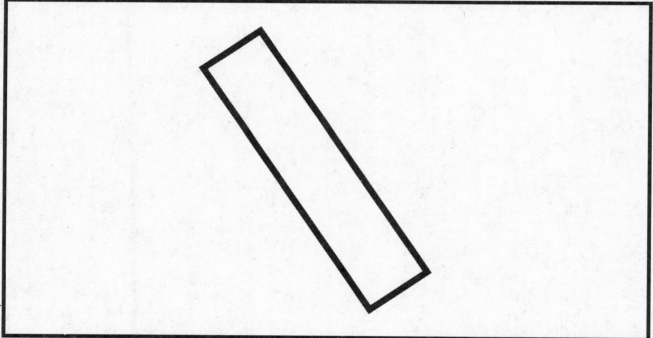

Tarjetas de figura bidimensional

EUREKA MATH®

Lección 27:   Compartir y criticar las estrategias de los compañeros para resolver
problemas de diversos tipos.

© 2019 Great Minds®. eureka-math.org

FIGURAS 2-D	FIGURAS 3-D
círculo	esfera
triángulo	cono
rectángulo	cilindro
rombo	prisma rectangular
cuadrado	cubo
trapezoide	
hexágono	

_____ esquinas

_____ esquinas cuadradas

_____ lados

¿Tienen todos los lados la misma longitud?

Sí   No

_____ esquinas

_____ caras

_____ lados rectos

¿Tienen todas las caras la misma figura?

Sí   No

Hoja para registrar figuras geométricas

Lección 27:   Compartir y criticar las estrategias de los compañeros para resolver
               problemas de diversos tipos.

137

© 2019 Great Minds®. eureka-math.org

A

Respuestas correctas:

Nombre _____ Fecha _____

*Escribe el número de puntos. ¡Trata de encontrar formas de agrupar los puntos para hacer más fácil el conteo!

1.	••		16.	••••• ••••	
2.	•••		17.	••••• •••	
3.	••••		18.	••••• ••••	
4.	•••		19.	••••• ••	
5.	•		20.	••••• •	
6.	••••		21.	••••• ••••	
7.	•••••		22.	••••• ••••	
8.	••••		23.	•••• •••••	
9.	••••• •		24.	••••• •••	
10.	••••• ••		25.	••• •• •••••	
11.	•••••		26.	••••• ••	
12.	••••		27.	••• ••• •• •••	
13.	••••• •		28.	••• • ••	
14.	••••• •••		29.	••• •• ••	
15.	••••• ••		30.	••• •••••	

Lección 28: Celebrar el progreso en la fluidez en la suma y la resta hasta 10 (y 20). Organizar una práctica de verano interesante.

B

Respuestas correctas:

Nombre _____   Fecha _____

*Escribe el número de puntos. ¡Trata de encontrar formas de agrupar los puntos para hacer más fácil el conteo!

1.	•	16.	••••• •••
2.	••	17.	•••• ••••
3.	•	18.	•••• ••
4.	••••	19.	••••• •••
5.	•••	20.	••••• •••
6.	•••••	21.	••••• ••••
7.	••••	22.	••••• ••••
8.	••••••	23.	• •••• •••••
9.	••••• ••	24.	••••• •••••
10.	••••• •	25.	•• •••••
11.	••••• •••	26.	•••• • •• ••
12.	•••••• •	27.	•• ••• • ••• ••
13.	••••••	28.	•• • •• ••
14.	••••• ••	29.	•• •• •• •
15.	•••••• •	30.	•• •• •••

Lección 28: Celebrar el progreso en la fluidez en la suma y la resta hasta 10 (y 20).
Organizar una práctica de verano interesante.

141

Número objetivo:

Ejercicio de tiro al blanco

Selecciona un *número objetivo* entre 6 y 10 y escríbelo en medio del círculo en la parte superior de la página. Tira un dado. Escribe el número lanzado en el círculo que esté en la punta de una de las flechas. Luego pega en el blanco al escribir en el otro círculo el número necesario para hacer el número objetivo.

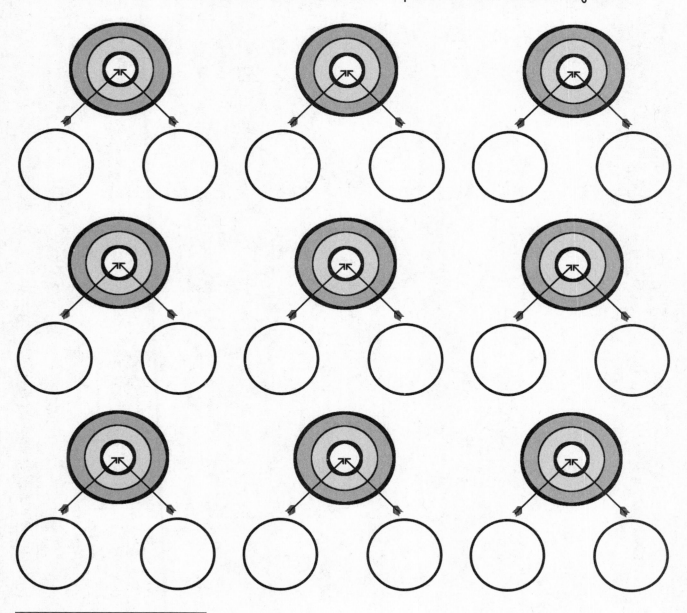

Ejecicio de tiro al blanco

Lección 28:   Celebrar el progreso en la fluidez en la suma y la resta hasta 10 (y 20).   143
Organizar una práctica de verano interesante.

© 2019 Great Minds®. eureka-math.org

Nombre _____   Fecha _____

 ¡Carrera a la cima!

2	**3**	**4**	**5**	**6**	**7**	**8**	**9**	**10**	**11**	**12**

_____

Carrera a la cima

Lección 28:   Celebrar el progreso en la fluidez en la suma y la resta hasta 10 (y 20). Organizar una práctica de verano interesante.

© 2019 Great Minds®. eureka-math.org

145

Nombre _____   Fecha _____

¡Carrera de vínculos numéricos!

Instrucciones: Haz tantos como puedas en 90 segundos.

Escribe la cantidad que finalizaste aquí:

1. 10 → 10, ☐
2. 10 → 9, ☐
3. 10 → 8, ☐
4. 10 → 9, ☐
5. 10 → 10, ☐

6. 10 → ☐, 9
7. 10 → ☐, 8
8. 10 → ☐, 7
9. 10 → ☐, 8
10. 10 → ☐, 7

11. 10 → 6, ☐
12. 10 → 7, ☐
13. 10 → 6, ☐
14. 10 → 5, ☐
15. 10 → 4, ☐

16. 10 → ☐, 6
17. 10 → ☐, 4
18. 10 → ☐, 3
19. 10 → ☐, 4
20. 10 → ☐, 3

21. 10 → 0, ☐
22. 10 → 1, ☐
23. 10 → 2, ☐
24. 10 → 4, ☐
25. 10 → 2, ☐

Lección 29:   Celebrar el progreso en la fluidez en la suma y la resta hasta 10 (y 20).   147
               Organizar una práctica de verano interesante.

© 2019 Great Minds®. eureka-math.org

Créditos

Great Minds® ha hecho todos los esfuerzos para obtener permisos para la reimpresión de todo el material protegido por derechos de autor. Si algún propietario de material sujeto a derechos de autor no ha sido mencionado, favor ponerse en contacto con Great Minds para su debida mención en todas las ediciones y reimpresiones futuras.